我的家在中國・民族之旅 ④

多姿多彩的中國話 民族語言

檀傳寶◎主編　班建武◎編著

中華教育

語文老師給了你一份作業，讓你用漢語翻譯一首少數民族語言的詩歌。
這下你可急壞了，除了漢語，你哪還懂得其他少數民族的語言呢？

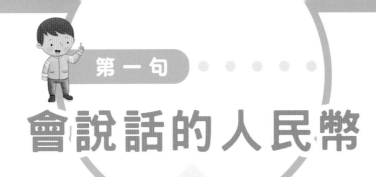

會說話的人民幣

　　假如有人告訴你，人民幣是會說話的，而且還會說多種語言，你相信嗎？

　　那麼，現在就讓我們一起走進人民幣上的語言世界，看看這個世界裏都有哪些有意思的祕密。

會說多種語言的人民幣

　　你知道人民幣上有多少種語言符號嗎？

　　數字、漢語拼音、漢字，除此之外，還有嗎？

　　我們可以來仔細看看這張人民幣，在它的右上角這個地方，除了漢語拼音之外，還有幾種特別的符號。你知道這些符號都是甚麼意思？它們又是甚麼文字嗎？

　　維吾爾文是一種拼音式文字，採用阿拉伯字母，是從右向左書寫的。現行維吾爾文有 32 個字母，每個字母按出現在詞首、詞中、詞末的位置有不同的形式。

　　藏文的字形結構都是以一個字母為核心，其餘字母都以此為基礎前後附加和上下疊寫，組合成一個完整的字表結構。藏文書寫習慣為從左向右。

長期以來，壯族沒有形成統一的規範文字。中華人民共和國成立以後，在人民政府幫助下，壯族人民創造了一套拉丁字母拼音文字。現在使用的是政府 1982 年頒佈的新壯文。

　　我國使用的蒙古文是一種在回鶻（古維吾爾）字母基礎上形成的文字。拼寫一般以詞為單位，但是，有時一個詞也可以分作兩段書寫。字序從上到下，行序從左到右。

你知道嗎？

從右向左書寫的少數民族語言文字是：

_____

從上到下書寫的民族語言文字是：

_____

在我國使用人數最多的少數民族語言是：

_____

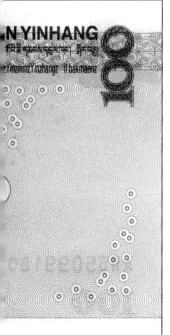

我們國家一共有多少種語言文字呢？

　　我國各民族使用的語言總共有 80 多種。這 80 多種民族語言，分屬全球九大語系中的五大語系，即漢藏語系、阿爾泰語系、南亞語系、印歐語系、南島語系。

　　目前，我國已正式使用的少數民族文字有 19 種，它們是蒙古文、藏文、維吾爾文、朝鮮文、壯文、哈薩克文、錫伯文、傣文、烏茲別克文、柯爾克孜文、塔塔爾文、俄羅斯文、彝文、納西文、苗文、景頗文、傈僳文、拉祜文和佤文。

◀人民幣上面一共有四種少數民族的文字，它們分別是蒙古文、藏文、維吾爾文和壯文。請你根據它們的特徵，在人民幣上找到它們的位置

只會說一種語言的紙幣

　　美國、俄羅斯、印度尼西亞、尼日利亞等國家，也是多民族國家。那麼，這些國家的貨幣是不是也像人民幣一樣，會有一些民族語言呢？

　　現在，就讓我們一起來看看這些國家的貨幣吧！

▲我的名字叫美元，但是我只說英語

4

▲我的名字叫盧布，是俄羅斯的紙幣。雖然在俄羅斯有193個民族，但我只會說俄語

各國民族構成狀況

全世界共有民族2000多個。超過1億人口的民族有7個，其中包括中國漢族。1000萬至1億人口的民族有60個，100萬至1000萬人口的民族有202個，10萬至100萬人口的民族有92個。

中國的壯族、蒙古族、回族、藏族、維吾爾族、苗族、彝族、布依族、朝鮮族、滿族、侗族、瑤族、白族、哈尼族、哈薩克族等民族，雖被稱為「少數民族」，但在世界各民族中，仍算得上是「大戶」，都擁有百萬以上人口。其中壯族人口最多，達1600餘萬人，居中國各民族第2位，在世界名列第60位。

中國的民族有56個，不是世界上民族最多的國家。俄羅斯有193個民族，印度尼西亞有150個，尼日利亞共有250多個。

各民族的語言

不要以為這些民族語言文字只能在人民幣上看到啊！

假如你到我國少數民族地區去旅遊，你眼睛所看到的路牌、商店招牌、菜單……都有民族語言文字的身影。

你耳邊聽到的，也會是各種不同的語言。

當你置身於少數民族地區，面對着無處不在的民族文字的時候，你會感受到不一樣的文字魅力。

多樣的問候

在少數民族地區旅行，除了時常映入眼簾的民族文字外，各種民族語言也會經常在你耳邊縈繞。

這些或清脆，或低沉的民族語言，總能讓剛到該地的你有種「異鄉人」的感覺。

很多時候，身邊的路人總會給予你善意的微笑和親切的問候。

你能聽懂他們的問候嗎？

當我們在少數民族地區行走，聽到不一樣的問候時，你能理解其中的含義嗎？

她說的是甚麼意思？難道是不歡迎我嗎？

其賽白努！

　　「其賽白努」是蒙古族人民重要的日常問候語，意思是「你好」。其他重要的蒙古族日常用語還有：「白億日太」，意思是「再見」；「阿昔拉瑞愛」，意思是「對不起」；「白億日啦」，意思是「謝謝」。

　　「扎西德勒」是藏語，是「吉祥如意」的意思；「亞克西」是維吾爾語，是「很棒」的意思；「散西內勒布」是蒙古語，是「新年好」的意思。

▶「亞克西」是維吾爾語

▶「扎西德勒」是藏語

▼「散西內勒布」是蒙古語

城市名字大猜想

民族語言不僅在少數民族日常交際中廣泛使用，而且，很多少數民族地區的城市命名，也有着非常濃郁的民族語言特色。如果你不了解這些城市名字背後的民族語言文化，那麼，有可能你會鬧出笑話。比如，廣西壯族自治區的百色市，是一個由一百種顏色組成的城市嗎？

當然不是！實際上，百色是對壯語「博澀寨」的音譯，意思是洗衣服的好地方。

認識百色市

百色市在廣西西部，是我國大西南通往太平洋地區出海通道的「黃金走廊」，有壯族、漢族、瑤族、苗族、回族、彝族、仡佬族等七個民族，其中壯族約佔總人口的 79.9%，瑤族、苗族、回族、彝族、仡佬族約佔總人口的 6.01%。

連一連

除了百色外，我們國家還有許多有意思的城市名稱。比如呼和浩特、克拉瑪依、拉薩、西雙版納、哈爾濱等，都是充滿了民族特色的城市名，你知道它們代表甚麼意思嗎？

呼和浩特　●　　　　　　　　●　黑色的油

克拉瑪依　●　　　　　　　　●　聖地

拉薩　●　　　　　　　　●　曬網場

西雙版納　●　　　　　　　　●　十二個行政區

哈爾濱　●　　　　　　　　●　青色之城

呼和浩特為甚麼叫「青色之城」呢？

呼和浩特在蒙古語是「青色之城」的意思。

1581 年，蒙古族土默特部的阿拉坦汗帶領部眾來到呼和浩特現在的這片地方，看到水草豐茂就決定在此處定居。由於城牆全部採用呼和浩特正北方大青山上的青石建造，遠遠望去泛着青色，因而被稱作「青色之城」。

▲ 坐落在呼和浩特市南郊的昭君墓

「西雙」和「版納」各指甚麼？

「西雙」在傣語是「十二」的意思，「版納」是「一千畝地」的意思，即一個版納為一個徵收賦役的單位。西雙版納即為十二個版納：版納景洪、版納勐養、版納勐龍、版納勐旺、版納勐海、版納勐混、版納勐阿、版納勐遮、版納西定、版納勐臘、版納勐捧、版納易武。

明代隆慶四年（1570 年）宣慰使司（當地最高的行政長官）把轄區分十二個「版納」，從此便有了「西雙版納」這一傣語名稱。

▲ 潑水節

克拉瑪依：一座冒着黑色原油的城市

20 世紀初，一位叫塞里木巴依的維吾爾族老人發現黑油能點燈燒火，就在冒油泉眼周圍的窪地撈取原油，騎着毛驢馱着黑油往返於烏蘇與黑油山之間，用黑色的油換取生活用品。20 世紀中期，石油工人踏着塞里木巴依老人的腳印，在黑油山駐紮下來開墾油田。

如今，用維吾爾語「黑油」命名的克拉瑪依油田已成為千萬噸級的大油田。新疆石油管理局和克拉瑪依市 1982 年 10 月 1 日在黑油山豎立了近 3 米高的石雕紀念碑和一尊維吾爾族老人騎毛驢彈奏熱瓦普的塑像。

拉薩在藏語中為甚麼是「聖地」的意思呢？

拉薩在藏語中是「聖地」或「佛地」的意思。相傳7世紀唐朝文成公主嫁到吐蕃時，這裏還是一片荒草沙漠，後來建造了大昭寺和小昭寺，傳教僧人和前來朝佛的人增多，大昭寺周圍便先後建起了不少旅店和民居，形成了以大昭寺為中心的舊城區雛形。

同時松贊干布又在紅山擴建宮室（即現在的布達拉宮），於是，拉薩河谷平原上的宮殿陸續興建，顯赫中外的高原名城從此形成。拉薩也逐漸變成了人們心中的「聖地」，成為西藏宗教、政治、經濟、文化的中心。

齊齊哈爾、香格里拉、洱源這幾個城市在哪裏？它們的名字代表甚麼意思呢？

網絡上的新面孔

現在，很多少數民族語言也緊跟時代潮流，可以在電腦、手機等現代信息工具上使用了。

2000 年 1 月 6 日，中國互聯網上第一個少數民族文字網站「同元藏文網站」正式開通。

到目前為止，中國已經有了蒙文、藏文、哈薩克文、維吾爾文和朝鮮文的網站，蒙文、藏文、維吾爾文等少數民族文字還支持網上聊天。

民族語言在民族生活中的應用範圍越來越廣。

▼商店的多民族文字招牌

少數民族語言在少數民族地區的日常生活中具有十分重要的作用。報紙、商店等日常生活中經常接觸到的東西，在少數民族地區一般都用民族語和漢語兩種語言來書寫。

拉薩170km 納木錯60km

我這是到哪了？為甚麼這些路牌會有兩種文字呢？

別樣的書寫

　　民族語言在民族地區的生活中有很重要的作用。但是，不同民族的語言文字之間有着很大的差異。

　　除了我們常用的讀音、字形不一樣外，還有一些有意思的區別。比如，我們熟悉的標點符號，在不同民族語言裏也是形態各異，千差萬別。

　　藏文標點很有意思。漢語裏的句號在藏文裏用一條垂直線表示，章節段落結尾用雙垂直線，全文結束用四條垂直線表示。

　　蒙文則用一個點表示逗號，兩點表示句號，段落末尾用四個點表示。

　　有學者認為，藏語裏的標點符號反映了藏族的圖騰和信仰。藏族人民一直都把日月看成是永恆不變的，對太陽和月亮很是敬仰。因此，藏語裏的很多標點符號，都來源於對太陽和月亮形象的模仿。

◀被稱為「藏文之父」的
吞彌‧桑布扎。相傳，
藏語就是由他創造的

藏語標點符號用法

名 稱	符 號	位 置	功 能
字間標號	་	字間	劃開音節，使字之間的界線不會混淆
句讀標號	།	句尾	分開句子之間界線的符號
雙分句線	།།	詩詞句末	分開詩詞各句之間界線
章節標號	།།།།	章節後或全書末尾	表章節終結或全書的終結
句首線	༈	句首	劃開段落不使意義混淆
行首線	༡	行首	表行前有一個字
單書頭符	༄	文頭	表示文頭
雙書頭符	༄༅	文頭	表示文頭
吉祥符	ༀ	咒語開頭	表吉祥的特殊符號

下面這兩句話的意思一樣嗎？

　　（1）下雨天留客，天留我不留。

　　（2）下雨天，留客天，留我不？留！

　　為甚麼這兩句話文字一樣，但它們所表達的意思卻不一樣呢？

　　這其中的奧祕就在於它們所使用的標點符號不一樣。有的語句若使用不同的標點，或者標點的位置不同，整個語句的結構就會大大改變，其意思也會發生很大的變化。因此，標點符號在文字表達中具有十分重要的作用。

　　藏文創制以來，十分注重書法藝術，僅在吐蕃時期就產生了八大烏金體（即藏文常用於印刷、書面寫作的一類字體），即蟾蜍體、列傳體、稞體、串珠體、雄雞體、魚躍體、雄獅體和蜣螂體。

「活着」的史詩

民族語言不僅是各少數民族日常交流的重要工具，而且也是這些民族文化得以傳承和發展的基本載體。

目前，在世界各地所發現的史詩中，最長的史詩就是我們中國的《格薩爾》，它流傳於我國藏族、蒙古族、土族、裕固族、納西族、普米族等民族。

說不完的故事

曾經，印度史詩《摩訶婆羅多》被認為是世界上最長的史詩，它有 20 多萬詩行。

但是，《格薩爾》的出現，輕而易舉地奪得了世界上最長史詩的稱號。因為，它一共有 100 多萬詩行，幾乎等於 5 部印度史詩《摩訶婆羅多》字數的總和。

其他一些世界著名的史詩，如荷馬史詩《伊利亞特》《奧德修紀》等，就更沒法比，它們只有 1 萬多詩行。

僅從字數來看，《格薩爾》遠遠超過了世界幾大著名史詩的總和，是當之無愧的世界上最長的史詩。

這樣一部史詩，它到底說的是甚麼呢？

《格薩爾》有 2000 多萬字。

我國古典小說四大名著中《紅樓夢》約有 108 萬字，《西遊記》約有 83 萬字，《三國演義》約有 74 萬字，《水滸傳》約有 96 萬字。

現在，請你算一算：

一部《格薩爾》的字數，分別相當於多少部《紅樓夢》、多少部《西遊記》、多少部《三國演義》和多少部《水滸傳》。

你能算出來嗎？

格薩爾王的傳說

　　《格薩爾》這麼長，它主要說的是甚麼故事呢？讓我們一起來看看格薩爾王的主要事跡吧！

　　在很久很久以前，西藏地區經常會有各種天災人禍，而且各種妖魔鬼怪也到處橫行，老百姓的生活苦不堪言。天上的神子推巴噶瓦不忍看到人世間的這些疾苦，自願下凡化作格薩爾王治理西藏。格薩爾降臨人間後，多次遭到陷害，但由於他本身的力量和天神的保護，不僅未遭毒手，反而將害人的妖魔和鬼怪殺死。格薩爾王東討西伐，征戰四方，降伏了北方妖魔，戰勝了霍爾國的白帳王、姜國的薩丹王、門域的辛赤王、大食的諾爾王、卡切松耳石的赤丹王、祝古的托桂王等。在降伏了人間妖魔之後，格薩爾王功德圓滿，與母親、王妃等一同返回天界。

（1）格薩爾誕生

（2）施法除魔，人間太平

（3）征戰四方，抑強扶弱

（4）功德圓滿，回歸天國

最強大腦

《格薩爾》這麼長，它是怎樣流傳下來的呢？

是靠筆和紙記錄的嗎？

不是！

你絕對想像不到，這部世界上最長的史詩的流傳，主要是通過民間藝人的說唱來完成的。

《格薩爾》的每一個說唱藝人，都有一個最強大腦，他能夠把這幾千萬字的內容都記錄在自己的頭腦裏，口耳相傳，而不需要借助筆和紙的幫助。

而且，更為神奇的是，《格薩爾》的這些說唱藝人，都會在傳唱過程中加入自己的想像。因此，《格薩爾》的一個重要特點就是它是一部活的民族史詩，至今還在不斷發展當中。這在全世界是極為少見的。

2006 年，《格薩爾》經國務院批准被列入第一批國家級非物質文化遺產名錄。

我的腦子裏藏着幾千萬字的故事！

▼ 江格爾塑像

與藏族史詩《格薩爾》、蒙古族史詩《江格爾》不同，史詩《瑪納斯》的主人公不止一個，而是一家子孫八代人。整部史詩以第一部中的主人公之名而得名。

《瑪納斯》主要講述了柯爾克孜族人民不畏艱險，奮勇拼搏，創造美好生活，歌頌偉大愛情的故事。

那些文字去哪了？

民族語言當中包含着許多優秀的民族文化信息。但是，現在越來越多的民族語言和文字正面臨着消失的危險，很多民族的文化也越來越後繼無人。

我國歷史上用過，後來停止使用的文字就有10多種，如突厥文、回鶻文、察合台文、于闐文、八思巴字、西夏文、東馬圖畫文字、東巴象形文字、水書、滿文等。

這些民族文字為甚麼會消失，它們都去哪了？

文字的「活化石」

納西族的東巴文被譽為古代象形文字的「活化石」。

東巴文是一種兼備表意和表音成分的圖畫象形文字。其文字形態十分原始，甚至比甲骨文的形態還要原始，屬於文字起源的早期形態。

雖然東巴文只有1400多個單字，但是，它卻可以表達非常細膩的情感和記錄十分複雜的事情。在這些文字裏，記載着納西族關於祭祀、生活和生產的祕密。

2003年，東巴古籍作為東巴文化的載體，被聯合國教科文組織批准列入《世界記憶名錄》。

不同的文字，同樣的意思

　　東巴文實際上是處於從圖畫文字向象形文字過渡階段的一種文字，它更多的是通過視覺效果來表達意思。

　　從不同視角觀察到的文字分正面和側面，如表現房子和人的文字大都是正面的，表現飛禽的大都是側面。也有用物象的整體或局部表現的文字，例如表現動物形狀的文字，有時畫出動物的整體，有時又以局部特徵加以書寫。實際上，同一個文字往往有幾種變化的寫法，既有正面，又有側面，有時整體，有時局部。

　　因此，沒有一定的生活閱歷，我們是很難讀懂這些文字的！

　　在麗江，納西族的老百姓會講納西語，但不會寫東巴文字，因為東巴文字只有「東巴」才有資格學，而「東巴」是納西族的祭司。「東巴」在納西語中是「智者」的意思，是納西族最高級的知識分子，他們多數集歌、舞、經、書、史、畫、醫於一身。所以，現在能夠認識東巴文的納西族老百姓越來越少了。

猜一猜

　　你能破譯左側的東巴文嗎？一幅畫代表一個意思，寫下你的答案吧！

反着寫的文字

水書是浸在水中的書嗎？

不是。

水書是水族的文字，它的形狀類似甲骨文和金文，主要用來記載水族的天文、地理、宗教、民俗、倫理、哲學等文化信息。水族將它稱為「泐睢」，「泐」即文字，「睢」即水家，「泐睢」意為水家的文字或水家的書。

水書的特別之處就在於有的字雖是仿漢字，但基本上是漢字的反寫、倒寫或改變漢字字形的寫法。因此，水書又被稱「鬼書」或「反書」。

由於水書只由「水書先生」代代相傳，且水書不完全具備字音對應、獨立成文的功能，造成了水書的保護與發掘的困難。現在能夠看懂水書的人也是越來越少了……

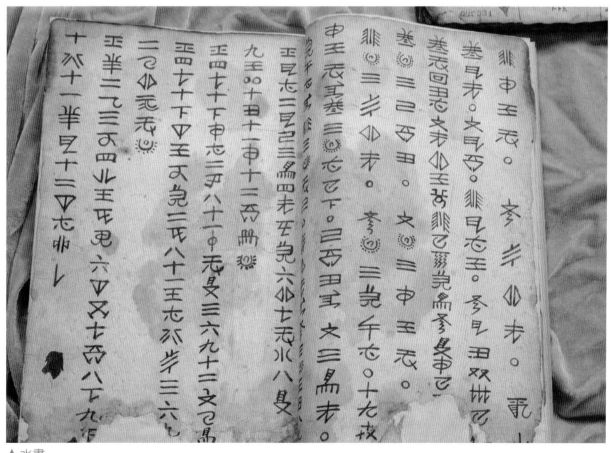

▲水書

誰能看懂水書？

這些反寫的水書，並不是所有水族人都能夠看懂。

能看懂和會使用水書的水族人都是男性，他們被稱作「鬼師」。水書只傳男不傳女，一般不會輕易傳給外人。

水族人崇拜鬼神的一切活動，不論是判定事情的吉凶，還是驅鬼送鬼的巫術儀式，均由鬼師從水書中查找依據。

因此，鬼師在民間的地位很高，被人們所崇拜。

水書中的「祕密」

你知道梅花鹿生活在甚麼地方嗎？北方還是南方呢？

實際上，野生的梅花鹿是北方的動物，在南方是看不到的。

那麼，為甚麼居住在貴州一帶的水族在他們的水書中，會出現梅花鹿形狀的符號呢？

一種可能的解釋是，水族的祖先是來自北方的。

在河南省偃師市二里頭遺址挖掘到大量夏代的陶器，上面有怪異的字符。水書上的字符竟有 13 個與陶器上的字符完全相同！這在很大程度上印證了水族源自北方的假設。

你知道我生活在哪嗎？

文字的傳承

　　滿族作為統治過中國最後一個封建王朝的少數民族，不僅創造了自己的文字——滿文，而且將滿文作為清代的法定文字來推廣和使用，形成了大量的滿文古籍文獻，包括圖書、檔案、碑刻、譜牒、輿圖等。在中國 55 個少數民族古籍文獻中，無論是數量，還是種類，滿文古籍文獻都屬於最多的一種。滿文檔案是今天研究清史及滿族史珍貴的第一手資料。

▲別以為用現代科技對我們進行防火、防盜、防塵、防蟲、防潮、防腐處理後
鎖進保險箱，就可以高枕無憂了。如果有一天沒有一個人再認識我們，我們
就失去價值了！

　　滿族現有人口 1000 多萬，主要分佈在東北三省，北京、天津等地也有。如今，會說滿語、會寫滿文的人寥寥無幾。如果滿語退出了世界歷史的舞台，那麼遺留下來的眾多清代的滿文資料，就將無人譯讀。

　　滿文最大的特點是它對事物的描述非常細膩。滿語中關於冰的詞彙多達 60 多個，幾乎每個形態的冰雪都有各自的命名。

　　滿族先民把野豬分為 11 種，一年生長方牙的野豬被命名一次，三年生長獠牙的又被命名一次。

　　由於鹿角形態變化更多，各種鹿被分門別類冠以 29 種各不相同的名字。

獨特的雙語學校

　　民族語言的消逝，意味着一種文化的消亡。為了尊重各少數民族的語言習慣，也為了更好地傳承和發展各民族的文化，我國在很多少數民族地區都建立了「民族雙語學校」，以民族語和漢語作為學校的教學語言。

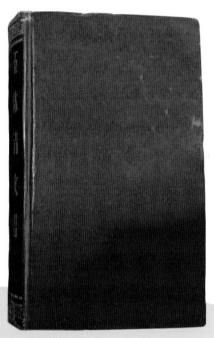

▲ 我叫《五體清文鑒》，是清代官方用滿文、藏文、蒙古文、維吾爾文和漢文五種文字對照編撰的辭書

最早的翻譯官

　　我國民族地區的雙語教育有着悠久的歷史。早在西漢的時候，新疆地區的少數民族中就有一些人（主要是上層人士）學習了漢文。漢代在西域的交通要道上，都設有為漢王朝使節服務的「譯長之職」，也就是我們現在所說的翻譯官。

第五句
走向世界的普通話

我國是一個統一的多民族國家。55個少數民族中,除回族、滿族通用漢語外,其餘53個民族都有自己單獨的語言。如果沒有一種全國通用的語言,那麼,各民族之間的交流就會非常困難,人們之間也就缺乏了解。所以,普通話就成為各族人民相互交流的共同語言。

周遊列國的漢字

當前,普通話不僅已經成為我國各族人民得以共同交流的重要工具,而且,隨着我國對外開放與交流的日益頻繁,也成為越來越多外國友人學習的內容。

學普通話,在很多國家已經成為一件很時髦的事情!

中國在世界各地設立孔子學院和孔子課堂。

孔子學院 (Confucius Institute)，是中國國家對外漢語教學領導小組辦公室 2004 年開始在世界各地設立的推廣漢語和傳播中國文化與國學的教育和文化交流機構。孔子學院最重要的一項工作就是給世界各地的漢語學習者提供規範、權威的現代漢語教材和最正規、最主要的漢語教學平台。

> 想當年，我弟子三千已經是很了不起了。沒想到 2000 多年後的今天，我的「弟子」已經遍佈全球，超過了 210 萬人。

漢語界的「奧林匹克」

現在，越來越多國家的年輕人加入到了漢語的學習隊伍中。「漢語橋」世界大學生中文比賽就是為各國青年提供的一個漢語學習交流的平台。自 2002 年以來，該比賽每年舉辦一屆。截至 2020 年，已經有 130 多個國家 100 萬名海外青年學生通過「漢語橋」世界大學生中文比賽，展示並分享學習漢語的成果和快樂。

該賽事已成為世界各國漢語學習者高度關注的漢語「奧林匹克」。

漢語時空機

　　我們剛剛與漢字一起「周遊列國」。現在，讓我們鑽進漢語的時空機，來開啟一場神奇的漢語學習之旅。

穿越到一百年前

如果時間回到 100 年前，學習漢語的外國人還那麼多嗎？為甚麼？

穿越到一百年後

當我們來到 100 年後，漢語還像現在這麼受人追捧嗎？為甚麼？

　　讓我們想一想，漢語的流行跟甚麼有關係呢？為甚麼一百年前漢語沒有受到追捧，但現在甚至未來，漢語的「熱度」都這麼高呢？

我的家在中國‧民族之旅 ④

多姿多彩的中國話 | **民族語言**

檀傳寶◎主編　班建武◎編著

責任編輯：鍾昕恩
裝幀設計：龐雅美
排　版：張詠心　鄧佩儀
印　務：劉漢舉

出版 / 中華教育

香港北角英皇道 499 號北角工業大廈 1 樓 B
電話：（852）2137 2338
傳真：（852）2713 8202
電子郵件：info@chunghwabook.com.hk
網址：https://www.chunghwabook.com.hk/

發行 / 香港聯合書刊物流有限公司

香港新界荃灣德士古道 220-248 號
荃灣工業中心 16 樓
電話：（852）2150 2100
傳真：（852）2407 3062
電子郵件：info@suplogistics.com.hk

印刷 / 美雅印刷製本有限公司

香港觀塘榮業街 6 號
海濱工業大廈 4 樓 A 室

版次 / 2021 年 3 月第 1 版第 1 次印刷
©2021 中華教育

規格 / 16 開（265 mm x 210 mm）